牛津趣味数学绘本

Rafferty's Rogues : Shape

愚蠢的盗贼之

名画中的图形

［英］菲利希亚 · 劳 (Felicia Law) ［英］安 · 史格特 (Ann Scott)/ 著 叶子溦 / 译

北京日报出版社

在嗞嗞城外的不远处，
有一条弯弯曲曲的小路，
从嗨哟山脉，
一直通往嘎吱峡谷。
路边，立着一块路牌。

路牌上的方向标很奇怪，文字标注和所指方向都让人匪夷所思。指向天空的写着“空荡荡的天”，指向远山的写着“灰蒙蒙的山”，指向路旁仙人掌的写着“浑身是刺儿的仙人掌”，还有一个写着“霸王树”。

只有最敏锐的人才能发现，还有一块缺角开裂的方向标指向一条石子儿路，这条路通往坏蛋谷……

……通往一群胆大妄为的盗贼的家，他们就是——

赖无敌和他的手下。

不沿着这条路往前走是明智的，
因为今天早上盗贼们都已经起床，
正准备去干坏事儿。

实际上，他们已经聚在一起听赖无敌的最新计划了。

好人止步！

赖无敌告诉他的手下，他们马上就要成为艺术家了——伟大的艺术家！因为，他们将创作出一些这个国家前所未有的、无与伦比的、价值连城的艺术品。

“哇哦！”指头妞欢呼起来。

“怎么创作呢？”猫儿妹问道。

于是，赖无敌进行了讲解。

他有一个最简单的方案。

嗞嗞城即将举办一场艺术展，这场艺术展将会展出一些杰出艺术家的作品。这些艺术品价值不菲。

他们将窃取这些贵重的艺术品，然后用仿制品来冒充它们。

这些仿制品正是他们要去制作的！

重要的艺术

艺术品是对那些有创造力的人们所创作的作品的统称。艺术家用这些作品来记录他们所看到的身边的世界，有时也用来表达自己的内心感受。

艺术品可以是一幅画或一个模型（一件雕塑），也可以是家具、珠宝，或者其他很多东西。艺术品同样也可以是一种思维方式。它是用新鲜而富有想象力的方法来创造、发明和解决问题的一个重要组成部分。

学习数学、科学、技术的同时也是在学习艺术，因为最棒的科学家们也是最有创造力的。

有些艺术家出名后，他们的作品会被高价出售。这些作品的仿制品，即赝品，经常会被用来欺骗一些买家，让他们以为自己购买到了真品。

这听上去是一个很容易执行的计划，实际上，再没有比这更容易实施的计划了。当然，如果盗贼们不会画画或做雕塑，这计划执行起来也许会出现问题。

我猜他们不会！

我猜对了！但赖无敌告诉他的手下，这非常容易。赖无敌说，很多艺术品就像他们小时候画的画——就是些乱涂乱画和一些颜料斑点。没什么大不了的。

于是，他们开始制作了！

形 状

世界上的所有东西，包括我们人类，都有自己的形状。有些形状是平面的，比如地毯的图案；有些是立体的，比如我们！许多物体都有自己固定的形状，但也有一些物体可以被弯曲或扭转成很多不同的形状。

平面的形状又叫作二维或2D形状，它们有长度和宽度。立体形状是三维或3D形状，它们还有高度。画作通常是2D作品，雕塑是3D的。

我们身边有一些形状被称为简单形状。这些形状很常见，并有专门的名字，比如正方形和立方体。另一些形状复杂一些。有些形状会出现在自然界中，比如螺旋形可以在贝壳和花朵上看见。

四边形

有四条边的平面形状有很多类型，它们可能看起来差异很大，但是它们拥有一个共同的名字——四边形。

正方形是一种规则四边形。它有四条同样长度的边，四个同样大小的角。它的两对边是平行的。平行的两条边方向相同，相互之间的距离保持不变，它们永不相交。

猫儿妹需要仿制一幅由很多正方形构成的画。

这需要一只不会颤抖的手，因为必须保证线条笔直没有弯曲。

还一定要把这些正方形画得好像它们将要消失在远方。

这叫作视错觉。它欺骗我们的眼睛去相信一些并不真实的东西。

猫儿妹的整幅画有点儿那个意思了！

矩形和其他四边形

其他的四边形都不太规则。

矩形对边等长且平行，四个角都是直角。

菱形的四条边等长，对边平行，对角相等。

平行四边形的对边等长且平行，对角相等。

梯形有一组对边平行但长度不等。

风筝形有两对等长且相交的边，但没有平行的边。

发现艺术家

佩德罗·弗里德伯格

一位古灵精怪的艺术家。他的作品充满线条、颜色和古代宗教符号。他同时也是一位设计师和雕塑家。（见22页）

想欣赏盗贼们仿制的艺术作品请登录 http://www.bramblekids.com/?page_id/2065

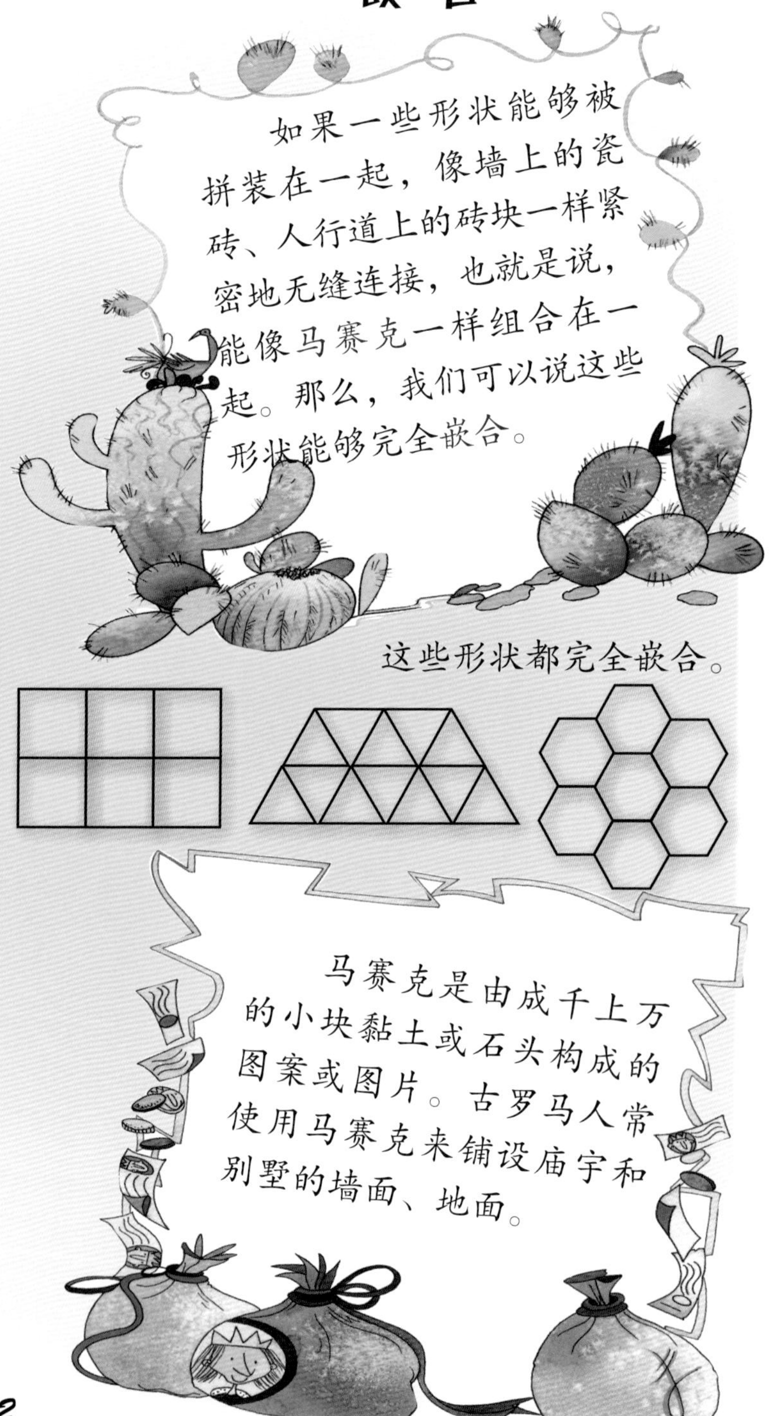

赖无敌的画要用到立方体。实际上，世界各地的画家都曾一度把物体和人画成立方体。

头和肢体是棱角分明的立方体。所有的身体部位也都是类似立方体的形状。

立方体

由正方形组成的立体或3D的形状叫作立方体。它有六个正方形的面，这些面连接起来，构成一个盒子的形状。

立方体

赖无敌努力使他画的这些方块看上去像人。但它们大部分看上去仍旧只是方块。

发现艺术家

迭戈·里维拉

1886年出生于墨西哥的山区，3岁时开始作画，10岁时接受美术培训，并立志成为一名画家。他能够在所有物体上作画：地板、家具、墙壁和纸张等。他因为在墙上绘制的大型壁画而出名，是墨西哥最著名的画家之一。

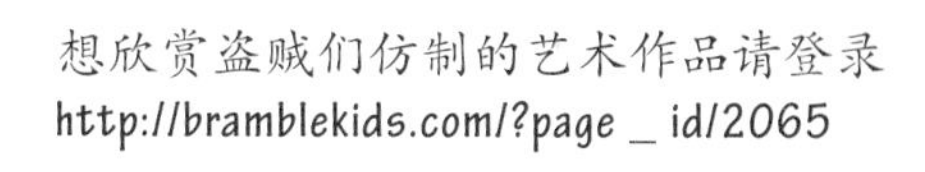

想欣赏盗贼们仿制的艺术作品请登录
http://bramblekids.com/?page _ id/2065

排骨弟又高又瘦。

“你就像个尖尖的三角形。”赖无敌对他说。

“你画又高又尖的东西一定很棒。”

排骨弟的确如此。

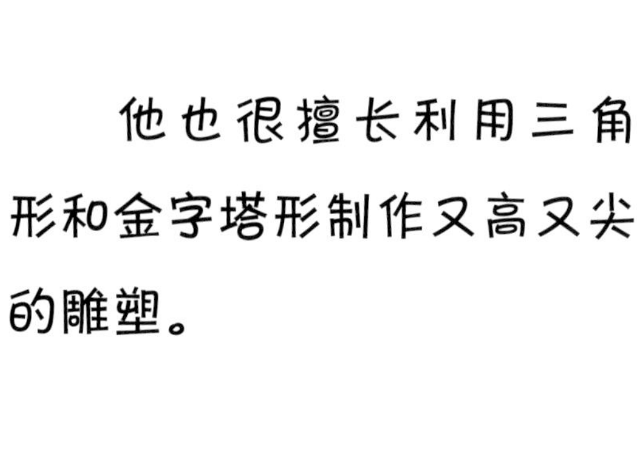

他也很擅长利用三角形和金字塔形制作又高又尖的雕塑。

三角形和金字塔形

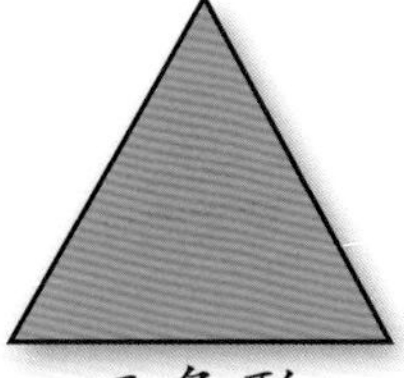

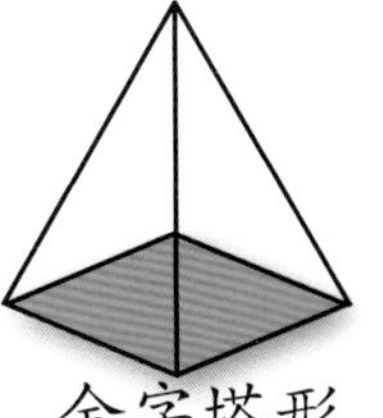

有三条边的形状叫作三角形。常见的三角形有四种。

直角三角形有一个角是直角（90度的角），有一条长边叫作斜边。

等边三角形有三条长度相等的边。

不等边三角形意味着“不相等”，所有边的长度都不一样。

等腰三角形意思是“有相等的腰”，即有两条边的长度相等。

金字塔形是3D图形，它的四个侧面都是等腰三角形，底面是正方形。

发现艺术家
胡安·索里诺

一位因绘画、雕塑和戏剧作品而出名的墨西哥艺术家。他非常有天赋，成名时仅仅15岁！他的雕塑作品遍布全世界。

发现艺术家
巴勃罗·奥希金斯

一位大半生都生活在墨西哥的美国人。他的作品常常与普通人的生活和抗争有关，带有政治色彩。

想欣赏盗贼们仿制的艺术作品请登录
http://www.bramblekids.com/?page_id/2065

肌肉哥喜欢圆形。他将仿制一幅画有一张圆脸的名画。“这有一点儿像你的脸，”赖无敌说，“所以，你可以直接在一堆树叶中间画上你的脸，这样最省事。”

肌肉哥的第二幅画是一些相互嵌套的圆形。它们朝着中心越变越小。

“这是迷宫”，赖无敌说，“一种由高高的篱笆围成的迷宫，你可能会在里面迷路。所以，你要先确保自己不会头晕！”

圆形

确定一个中心点，把一根线的一端固定在中心点，拉直线绕中心点旋转一周，也就是线的另一端转到起点位置，一个圆形便形成了。圆形的边的长度称为圆的周长。

形成这个圆形的曲线上的所有点到圆中心的距离都是相等的。从圆心到圆的边的线段叫作半径，通过圆心将圆分成两半的线段叫作直径。

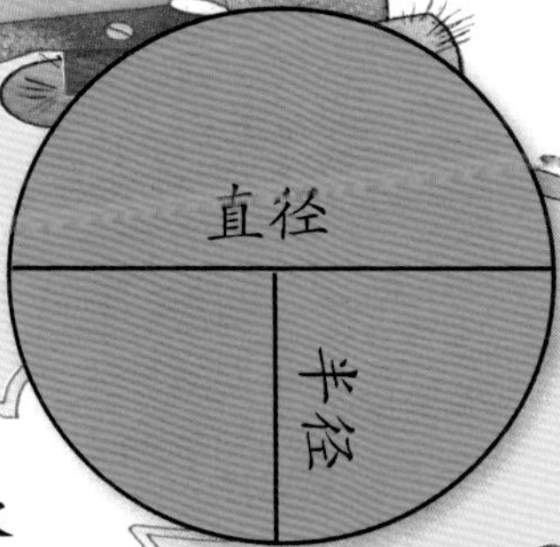

直径

半径

圆形

把鹅卵石扔进池塘，水面上会形成一圈圈向外扩散的波纹。这些波纹以石头落水点为圆心，形成一个比一个大的圆，这些圆被称为同心圆。

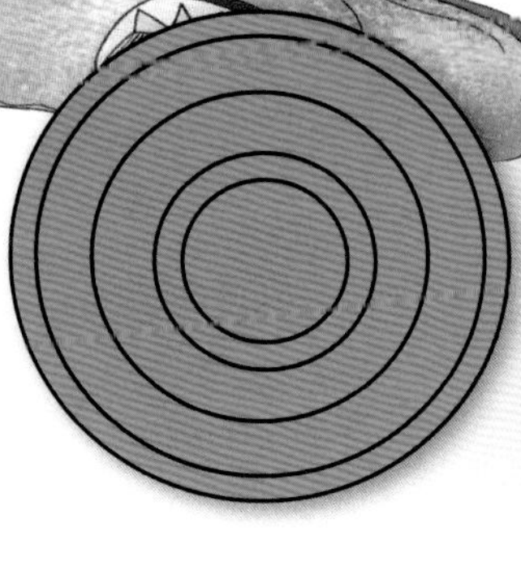

同心圆

发现艺术家

弗里达·卡罗

在一次事故后她遭受了巨大的痛苦。后来她画了很多自画像，比如《太阳和生命》，这幅画反映了她的痛苦。

利奥诺拉·卡灵顿

出生在英国，但不久后搬去了墨西哥，在那里她创作了很多画，比如《迷宫》。

想欣赏盗贼们仿制的艺术作品请登录
http://www.bramblekids.com/?page_id/2065

指头妞也在画圆的形状，但她画的是球体。很多水果都是球体的，她这幅画画的是石榴——一种坚硬的圆形水果，里面挤满了石榴籽。

之后，指头妞又开始画另一种水果。这次她画的是几片西瓜。每一片西瓜都是楔形的，这种形状又叫作球楔形。

球体和球楔形

球体可看成是立体（3D）的圆。很多体育运动使用的球就是球体的。球体表面的任意一点到它中心的距离都是一样的。

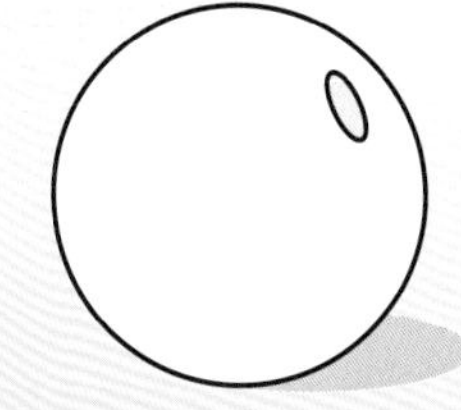

球体

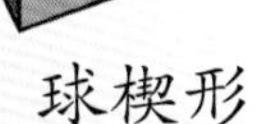

从球体中心沿着两条半径到球面，所分离出的一部分的形状叫作球楔形。一瓣橘子、一牙西瓜就是球楔形。

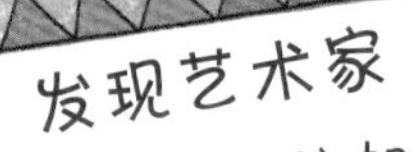

发现艺术家

安格·萨拉加

一名在法国、西班牙、意大利四处游历的画家，他的作画风格正如当时那些欧洲著名艺术家——他的作品《静物石榴》就是一个例子。他成立了一支年轻墨西哥艺术家的团队，团队的成员们认为艺术和冥想在生命中占有重要地位。

发现艺术家

鲁菲诺·塔马约

出生于一个原始部落，部落祖先包括西班牙人、墨西哥人和印第安人。这种家族内部丰富的文化融合反映在了他的很多作品上，比如画作《西瓜》。

想欣赏盗贼们仿制的艺术作品请登录
http://www.bramblekids.com/?page_id/2065

指头妞又研究起了另一种曲线形成的形状——圆柱形，又叫作管形。她模仿了一幅工厂高塔拔地而起的画。

同时，肌肉哥开始创作一个现代雕塑。这是一个由旧橡胶轮胎组成的卷绕的螺旋形，它像蛇一样盘绕在地上。

圆柱体和螺旋形

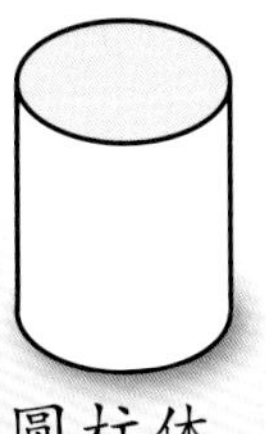

圆柱体

螺旋形

圆柱体的曲面围成一个长筒。长筒的两端是两个平面，可以是圆形或椭圆形。椭圆形看上去像压扁的圆形。食品罐头通常就是圆柱体。

螺旋形是一条曲线，从一个中心点开始，随后沿着越来越大的圆形轨迹逐渐远离中心点。3D的螺旋形称为螺旋管。

螺旋管

想欣赏盗贼们仿制的艺术作品请登录
http://www.bramblekids.com/?page_id/2065

发现艺术家

加布里埃尔·费尔南德斯·莱德斯马

一位墨西哥画家，同时也从事版画复刻、雕塑、平面设计、写作和艺术教育。他和政府组织、杂志和学校合作，帮助人们了解他们的民族艺术和历史。他的画作《工业风景》就肩负着这个使命。

发现艺术家

贝斯塔比·罗梅罗

使用旧橡胶轮胎创作了这个现代雕塑《无尽的螺旋》。她的作品采用旧轮胎为材料，在上面雕刻塑造出各种图案，这样，当它们滚过纸张时，就会像橡皮图章一样印出图纹。

排骨弟正在一把椅子上画着蝴蝶图案。这把椅子的两半是完全相同的，它们是对称的，就像昆虫的折叠翅膀一样。

对称

对称，描述的是一种平衡的形状，它的每一半都是另一半的完美复制。将对称的形状分隔成完全相同的两半的线叫作对称轴。

蝴蝶的形状帮助它成为一个飞行高手。它的形状具有对称性。如果你在蝴蝶的中间画一条线，那么这条线两侧的形状是完全一样的。

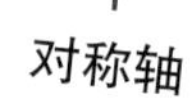

对称轴

发现艺术家

佩德罗·弗里德伯格

设计过椅子、桌子、沙发和其他一些有着奇妙形状的座椅，比如蝴蝶椅。他最有名的作品是手形椅，由木头制成，装饰有金叶。你可以坐在椅子的“手掌”中，背和手臂靠在“手指”上。

想欣赏盗贼们仿制的艺术作品请登录
http://www.bramblekids.com/?page_id/2065

一切准备就绪。他们乔装打扮了一番，然后将他们创作的艺术作品打包放到了破车上，开往嗞嗞城。

“最好别被认出来，”赖无敌警告大家，“要不然有人会认为我们图谋不轨。”

艺术画廊外，张贴着一张宣传展览的大型海报。这里将会展示知名艺术家的画作和雕塑。

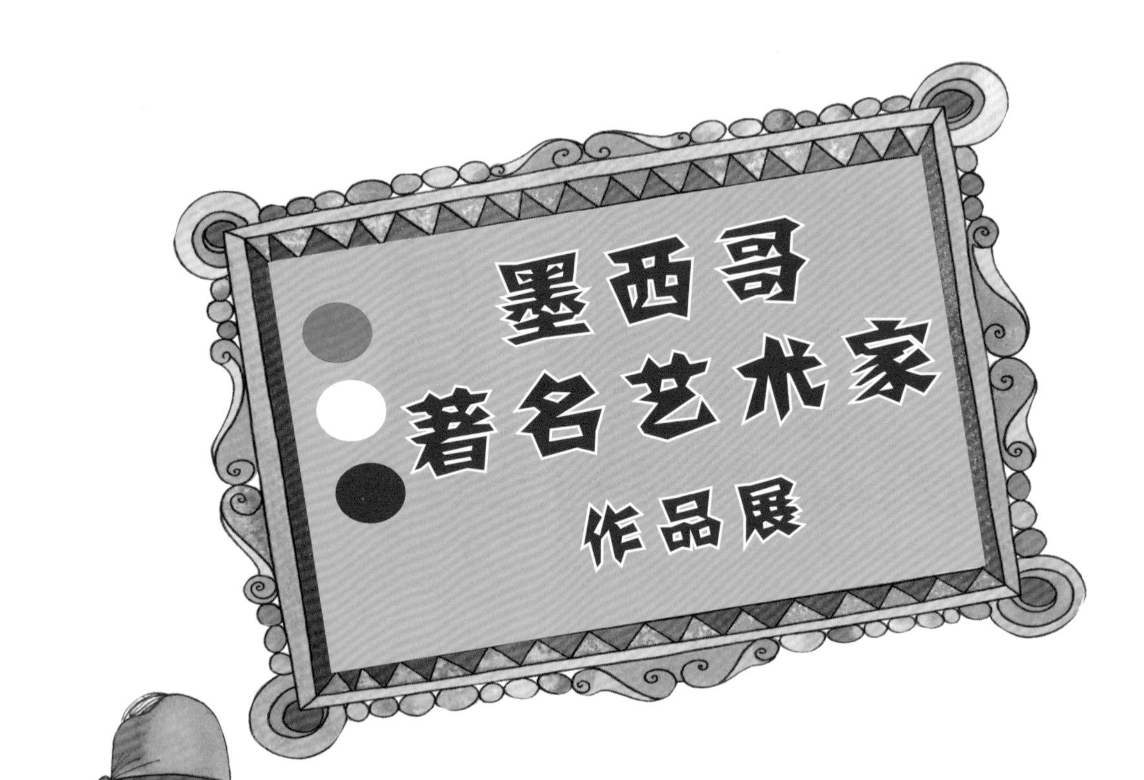

赖无敌这辈子从来没有买过画，但他马上就可以看到别人买画了。

盗贼们有很多画要卖！

但他们必须先把真迹弄出展厅。

再把他们自己制作的赝品换进去。

多边形

有些形状有很多边。

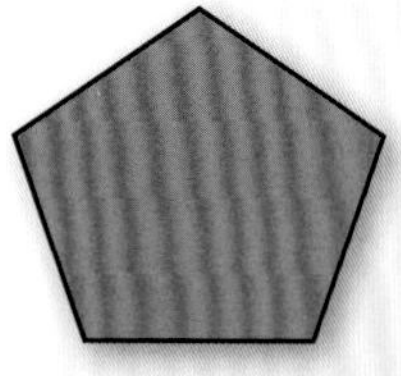

五边形—五条边

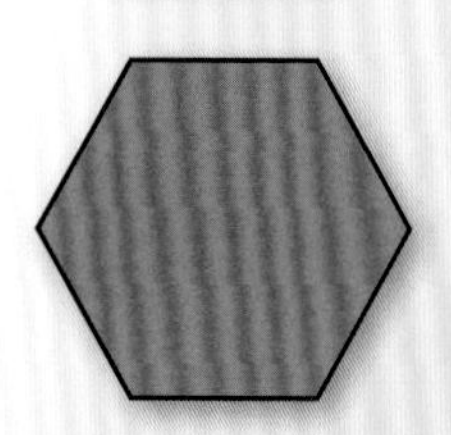

六边形—六条边

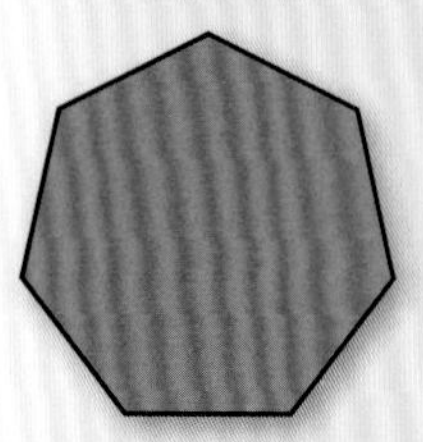

七边形—七条边

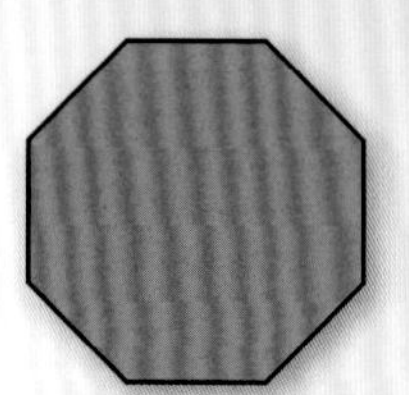

八边形—八条边

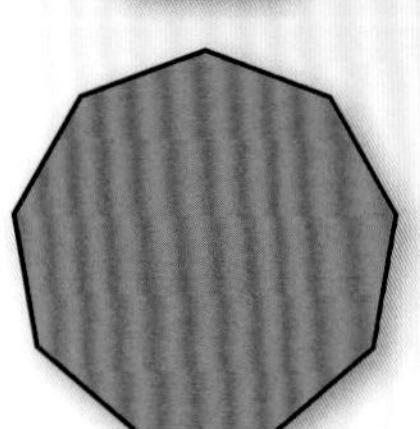

九边形—九条边

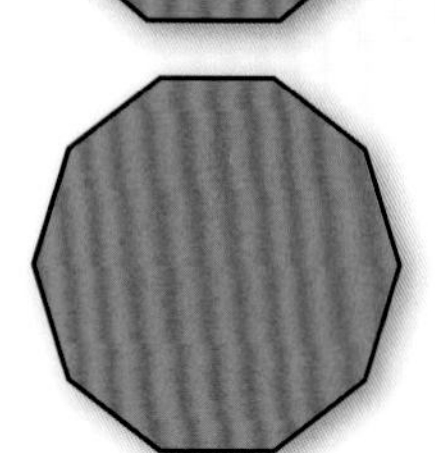

十边形—十条边

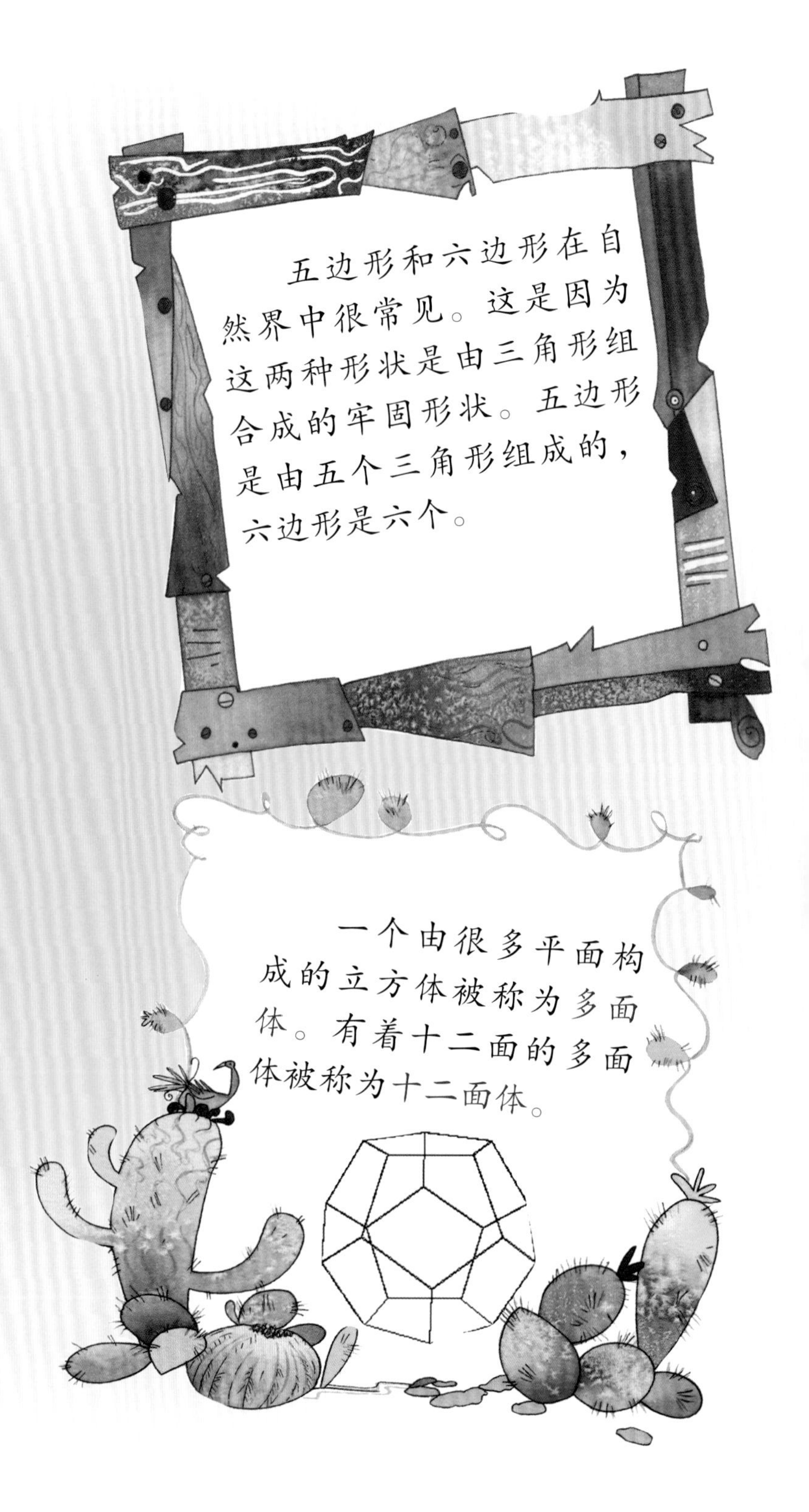

第二天一早，一位艺术评论家到展厅来检查这些收藏品。有些画有一点儿倾斜，有些蒙了点儿灰尘。

有一两件看上去有一点儿不一样……

但是，艺术评论家一眼就能分辨出这些都是佳作，于是，他用自己的手帕拂去了画上的灰尘，然后就去见市长了。

展览隆重地开幕了。市长发表了长篇演说，讲述艺术是如何让生活变得充实美好。

他大力赞扬了祖国的伟大艺术家们，并骄傲地指向了正在展出的著名作品。嗞嗞城的老百姓们鼓掌欢呼，纷纷围拢过来想看个仔细。

他们好像很赞同市长的观点，开始购买这些艺术品。

实际上，很快，所有的艺术品（好吧，是所有的赝品）都被抢购一空。卖了很多很多钱。

但治安警长有点儿疑惑。他发现赖无敌的破车停在展厅后面。车里有一堆画——全是赝品！全是模仿正在出售的伟大作品的仿制品！

“你们计划用它们来干吗？”警长想要知道真相。

赖无敌告诉他，他们想当伟大的艺术家，他们正通过模仿佳作来练习。

“哦！”警长说，“好吧，你们这些人完全是在浪费时间！这些都是很糟糕的仿制品，完全不值钱。所以，你们应该也不会介意我没收了它们。

现在，你们都应该去看看展览上的艺术品，那些才是真正的艺术，是最棒的！”

真是一团糟！赝品太好全被卖掉，真迹又被警长没收了。盗贼们一无所获！

他们什么时候才会吸取教训啊！

艺术家和他们的作品

想欣赏盗贼们仿制的艺术作品请登录

http://www.bramblekids.com/?page_id/2065